不出門也能開心玩的
33個居家 親子遊戲

近藤理恵／文・插畫
Kodashima Ako ／內頁設計　王盈潔／譯

目次

1 勞作遊戲

2 互動遊戲

本書的用法
（使用說明書）

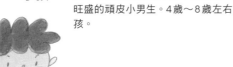
情境
situation

1個小孩和1個大人，兩人單獨在家。

小孩＝ 因不可抗拒的因素不得不待在家、精力旺盛的頑皮小男生。4歲～8歲左右的小孩。

大人＝ 因種種原因必須和小孩兩人獨處的爸爸、媽媽或爺爺、奶奶等等。

用途
use

雨天、晚上、生病剛痊癒、幼兒園休園、學校放假等等，大人不方便外出的時候。

1 提供創意但不出言干涉

就算孩子沒有照著大人的意思去玩，他做的應該也是自己覺得最有趣的事，應尊重他，不要干涉。

2 做大人一起玩也開心的事

大人都覺得不好玩了，小孩多半也會覺得很無趣。配合孩子當下想做的事來進行遊戲吧！

警告
warning

這裡介紹的遊戲不可與嬰兒一起玩。

3 雖然會把家裡弄亂，但還是要愉快收拾

收拾也是一種延伸遊戲。例如準備孩子專用的掃把、畚箕組，或一邊高唱「打掃歌」★來加快速度等等。

注意
note

★哼唱「天堂與地獄」序曲（俗稱康康舞曲）的旋律。

會使用到的東西
（工具、材料）

剪刀

鉛筆

透明膠帶

基本工具

經常使用到，在各頁的「準備物品」當中不另外列出。

常用的工具、材料

木工用快乾接著劑
快乾且黏性強。黏合紙張時塗抹薄薄一層即可。

紙膠帶
圖案漂亮有趣，適合裝飾勞作。

封箱膠帶
想要黏牢一點時，就用布製的封箱膠帶。

遮蔽膠帶
方便用手撕斷，且容易剝除、不易殘膠。

透明絕緣膠帶
玩泡澡遊戲的時候很方便。

筆
水性、油性筆。

色筆
如果正要買新的，建議選擇水性螢光筆。紙張或塑膠、木頭都可以畫，不會轉印，也沒有異味。

美工刀
大人使用。

繩子
棉線、毛線、包裝用的緞帶等等。

釘書機
很輕鬆就能釘牢，非常方便。孩子肌膚會接觸到釘書針時，請在表面貼上透明膠帶。

各種紙張

- **白紙**　事先在電腦用品店購入整包影印紙比較方便。
- **色紙、書面紙、圖畫紙、玻璃紙**　可於百圓商店購得。
- **報紙**　社區報亦可。稍微留意的話，到處都可以取得。
- **瓦楞紙**　將線上購物的包裝材料再利用。單面瓦楞紙也很有趣。

1 勞作遊戲

將手邊的物品運用巧思加工，就變出遊戲了。配合孩子喜歡的事物、會做的事，將可能派上用場的材料集合起來，創意就此而生。

搧搧風、飛呀！

01 啪噠啪噠先生

準備物品：塑膠袋（有提把的手提袋）、扇子

把塑膠袋輕輕放在地板上，
試著用扇子搧一搧，讓它飛起來。
（也可以用墊板）

能讓袋子跨越椅子、
或是從桌子下方穿過，
照著自己的意思往前進嗎？

運用巧思，試著把袋子
用剪刀剪一剪。

這邊！
這邊！

飛呀！

剪成像
水母一樣

剪成像蛇般
細長

搧到籃子裡

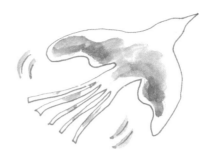

剪成鳥的形狀讓它飛起來，
好像也不錯？

延伸！
試著用油性筆替它們畫上
臉、塗上顏色吧！

注意！
把塑膠袋丟在地
板上，踩到會滑
倒，要特別
小心。

滑溜

02 橡皮筋射手

準備物品:橡皮筋、免洗筷、紙、當成標靶的東西

超簡單!而且飛很遠。
瞄準、發射!

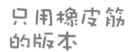

注意!
千萬不要對著人發射!
被射到會非常痛。

只用橡皮筋的版本

將橡皮筋套到中指上、拉開,然後發射。

把紙摺起來
當成子彈。

橡皮筋十紙

將拇指與食指穿過橡皮筋,另一手抓住摺好的紙片發射。

橡皮筋十免洗筷

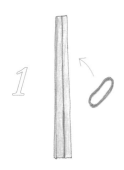

1

用橡皮筋將分開的2根免洗筷牢牢綁住。

2

讓免洗筷交叉,兩根各用橡皮筋繞一圈後勾住。這樣就可以了,不過……

3

為了讓它更穩固,再用半根免洗筷補強固定。

4

發射摺好的紙片子彈。

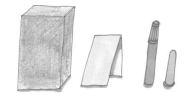

標靶可以用空盒、紙摺成的立牌、蓋上蓋子的筆或筆蓋。

瞄準!!

側身擺出帥氣的姿勢發射看看!

紙杯娃娃
03 張嘴先生

準備物品：紙杯、油性筆

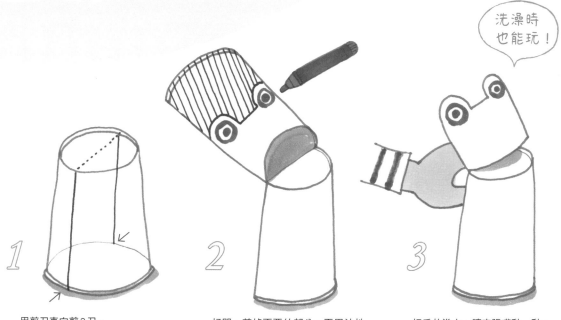

洗澡時
也能玩！

1
用剪刀直向剪2刀。

2
打開、剪掉不要的部分，再用油性筆畫上臉。

3
把手放進去，讓它張嘴動一動。

用這個張嘴先生，吃洋芋片時就不會沾手了。

幫家裡每個人都做一個吧！

還可以利用夾取的難度來附加「防止吃太多」的功能！

毛線

色紙

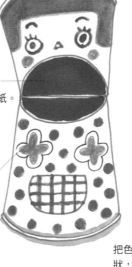

嘴裡貼
紅色色紙。

用貼紙
做裝飾。

把色紙剪成細長條
狀,再用筆捲一捲
貼上去。

貼上紅色色紙當成舌頭。不過
這樣就不能用來夾洋芋片了。

➕ 延伸!

在這裡
開一個洞。

就可以追加
一個伸出手指按遙控
器的新功能。

11

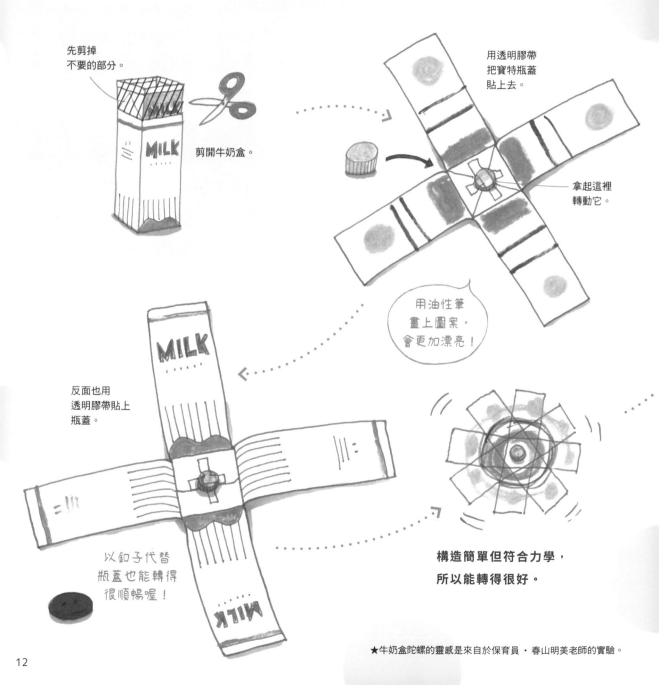

咻！咻！轉呀轉
04 牛奶盒陀螺

準備物品：牛奶盒、寶特瓶蓋、油性筆

先剪掉
不要的部分。

剪開牛奶盒。

用透明膠帶
把寶特瓶蓋
貼上去。

拿起這裡
轉動它。

用油性筆
畫上圖案，
會更加漂亮！

反面也用
透明膠帶貼上
瓶蓋。

以釘子代替
瓶蓋也能轉得
很順暢喔！

構造簡單但符合力學，
所以能轉得很好。

★牛奶盒陀螺的靈感是來自於保育員・春山明美老師的實驗。

試著剪成像
手裏劍的帥
氣形狀吧！

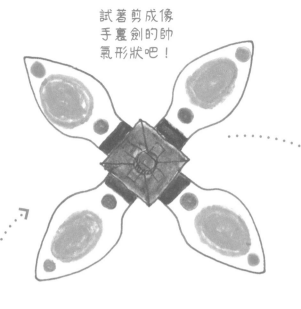

將其中一片畫好形狀剪下來，
再把剪下來的部分當成模了、在其他幾片上
描好線剪下，就能做出相同形狀。

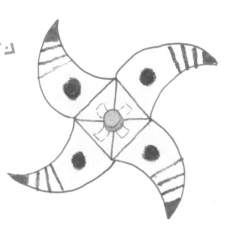

✚ 延伸！

用相同方法在
紙盤上裝上寶特瓶蓋，
也能旋轉。

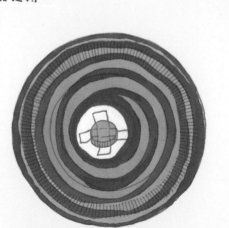

05 釣魚

準備物品：磁鐵、免洗筷、繩子、迴紋針、紙、遮蔽膠帶

繩子用棉線、
緞帶或毛線都可以！

將繩子的一端綁上磁鐵，
另一端綁上免洗筷，
做成釣竿。

在紙上畫好想釣的物品、
夾上迴紋針，
就可以開始釣魚了！

甜甜圈形狀的磁鐵比較好綁。
如果使用一般的磁鐵，
以繩子綁好後再用膠帶固定即可。

把夾有迴紋針的魚
散放在家裡各處，
一邊把魚找出來
一邊釣也很有趣唷！

延伸！

A

讓紙張懸空、用遮蔽膠帶固定住兩端，從下方以磁鐵讓魚游動。

可以一邊參考魚的相關書籍一邊畫！

B 在紙上畫迷宮，利用磁鐵讓畫出來的車子行走也很有趣。

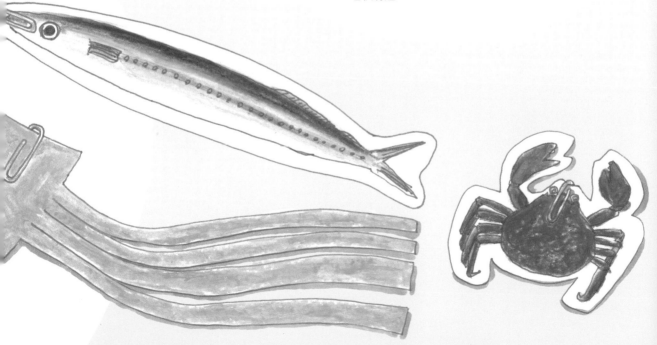

06 拓印

準備物品：影印紙、色鉛筆等等

拓印是指塗描出來的轉印畫。
試著找出家裡現有的各種凹凸物品
拓印看看吧！

紙張請用影印紙之類的薄紙。
鉛筆、色鉛筆、粉彩蠟筆、
蠟筆等都可以試試看。

還有牆壁！

可以轉印的東西有：木紋的柱子
或家具、窗簾、沙發、藍子、
箱子、包裝材料、篩子等等。

或是葉子。

迴紋針、橡皮筋、凹凸不平的瓶蓋、
花邊紙……

剪成各種形狀的紙片
也可以。

地板、塌塌米、
地毯都可以。

16

➕ 延伸！

用各種顏色的色鉛筆
拓印出許多圖案以後，
剪下來貼一貼，
就可以做出漂亮的卡片。

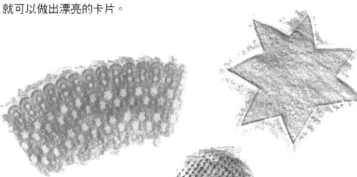

塗描硬幣這類小東西的時候，
先用透明膠帶貼在桌面上，
就可以拓印得很漂亮。

這是
什麼呢？

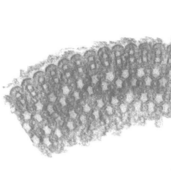

剪下硬幣，拿來玩
開店家家酒遊戲吧！

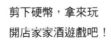

我變
大富翁了！

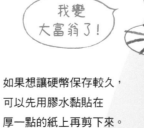

如果想讓硬幣保存較久，
可以先用膠水黏貼在
厚一點的紙上再剪下來。

17

07 剪刀剪出一圈圈

試著把色紙邊繞圈、邊剪成細細長長的。
可以連續不斷剪多長呢?

準備物品:色紙、遮蔽膠帶

如果不小心剪斷了,
就用透明膠帶黏起來
繼續剪下去。

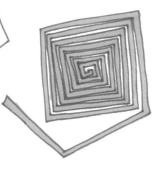

可以用來玩家家酒喔!
當成拉麵或高麗菜絲。

蔥
用綠色吸管剪成小段。

叉燒
粉紅色色紙。

拉麵
用黃色色紙。

高麗菜絲
綠色色紙。

漢堡排
瓦楞紙板加色紙。

順帶一提,我剪出了
15公尺65公分的長度,
不太容易測量呢!
花點心思試試看吧!

跟孩子一起放手去剪,
開心地玩。

拿出幹勁,讓孩子看看
大人的實力吧!

用遮蔽膠帶貼在房間各處，
布下天羅地網。

一邊哼唱「不可能的任務」的旋律，
一邊玩間諜遊戲吧！

♪登、登登登登登……
　登、登登登登登……

♪登、登登登登登……
　登、登登登登登……

登愣登♪

發現
敵人了！

一碰到
就斷了！

19

08 報紙蛇

準備物品：報紙

從容易撕開的方向交互撕，
試著做出長長的蛇吧！

報紙有其中一個方向比較容易撕開。

社區報這類小尺寸的報紙通常
與此相反。

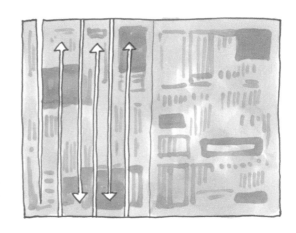

用力一撕，
壓力一掃而
空⋯⋯！

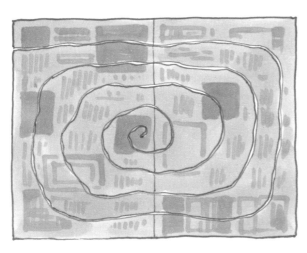

雖然有點難，不過也有這種撕法。
如果中間不小心斷掉，就用透明膠帶貼起來繼續撕。

立體擺放在房間裡，用報紙做成的劍（第40頁）來戰鬥吧！

勞作遊戲

射

門
!!

✚ 延伸！

Ⓐ 打仗遊戲結束後，把它們全部集合起來、揉成一團，再用膠帶固定住，就變成足球了！

Ⓑ 裝在屁股上，當成長尾巴來玩吧！
★請見第26頁「11小尾巴」。

09 瓦楞紙箱

準備物品：瓦楞紙箱、木工用接著劑、美工刀、封箱膠帶、其他空箱或可利用的物品

瓦楞紙挖土機

在走廊或空間寬敞的房間裡玩。
一步一步慢慢向前進吧！

前進!!

大的瓦楞紙箱
可以在超市等
地方取得

1 把箱口和箱底
剪掉後，展開來。

2 如果沒有大的瓦楞紙箱，
就用封箱膠帶將兩個紙箱連接起來。
切口處以封箱膠帶包覆。

滾球台

這是利用大尺寸紙箱的平整面做成的
彈珠滾球台。

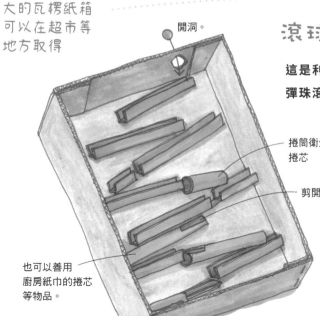

開洞。

捲筒衛生紙的
捲芯

剪開。

也可以善用
廚房紙巾的捲芯
等物品。

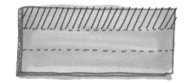

用尺和美工刀或剪刀刀刃輕輕劃出兩道折線，
將紙板分成三等分。用膠帶在 ////// 處暫時固定，
做成彈珠的通道。

以膠帶用心調整貼法，
使彈珠易於滑落。

最後用接著劑黏上去即可

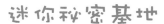

迷你秘密基地

**幫小玩具
做一個基地吧！**

用美工刀割割出十字線，再插入保鮮膜的捲芯。

貼上貼紙做裝飾。

用接著劑黏上寶特瓶蓋。

試著貼上不要的光碟片，或者用繩子吊掛閃閃發亮的東西。

利用剪成細長條狀的瓦楞紙板製造出高低差。

貼上剪成小塊的瓦楞紙。

貼上一排剪短的吸管。

小的空紙盒

插上可彎吸管。

剪掉。

太空船駕駛艙

**在書桌下或房間的角落
打造專屬於你的駕駛艙。**

將大的瓦楞紙箱的一部分立起來，貼上外太空的照片。

插入保鮮膜的捲芯、讓它可以活動。

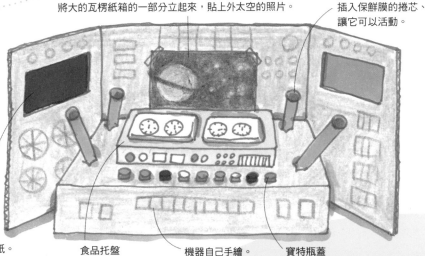

將瓦楞紙箱斜斜切開。

挖空成窗戶後貼上玻璃紙。

食品托盤

機器自己手繪。

寶特瓶蓋

10 超大地圖

準備物品：圖畫紙、書面紙或包裝紙、瓦楞紙、吸管、
木工用接著劑、釘書機、筆或蠟筆

攤開圖畫紙，

打造屬於自己的大城鎮吧！

如果用藍色的圖畫紙就當成海洋，

再用書面紙或包裝紙做成島嶼。

如果用其他顏色的圖畫紙，

就用藍色的紙剪出海洋、

河川或池塘的形狀貼上去。

一開始先做自己的家如何？
做英雄的基地也可以喔！

用書面紙製作立體建築物的方法有很多。
預留黏貼處的話，比較能牢牢站穩在地面上，
也比較容易用接著劑或透明膠帶黏貼。

家

屋頂　　　　黏貼處

橋

黏貼處

大樓

黏貼處

黏貼處
剪開後彎折，用來塗黏膠的部分。

山

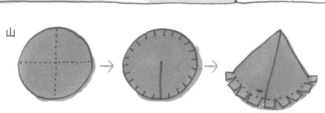

★山的作法請見
第39頁。

24

剪出平面的形狀貼上去也不錯，
利用空盒或積木、寶特瓶蓋、
手邊有的玩具也很有趣。

如果孩子喜歡勞作，大人只需建議基本作法，
一邊在旁聽孩子怎麼說、給予協助即可。

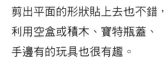
日後還要繼續玩的話，
可以先用圖釘釘在牆壁上。

人或電車不要
黏死、讓它們
可以活動比較
好玩。

電車

A 對折使之
站立。

B 摺成筒狀
再用釘書機
固定。

C 用紙摺出
長方體。

平交道
用剪刀刀刃在瓦楞紙板上
刻劃出折線，並用美工刀
割出十字。

將紙膠帶塗成黃色與黑色，交
錯貼在可彎吸管上，讓它看起
來更逼真。

把瓦楞紙板塗黑，插上
可彎吸管。

25

2 互動遊戲

今天要玩什麼呢？
用2個人的步調來玩
2個人才能玩的遊戲吧！

尾巴！尾巴！
11 小尾巴

準備物品：報紙、包裝紙

在腰部裝上剪成細長條狀的報紙
（或包裝紙）當成尾巴，
若無其事地做家事，孩子想必會很好奇。

這是什麼？

沒什麼。

孩子要拉尾巴的時候，「哇！」地出聲嚇阻、
不讓他拉走。

如果尾巴不小心被孩子成功拉掉，
就趁他沒發現的時候再重新裝上尾巴。
如果再被拉走，就再裝一個新的尾巴……。

幫孩子也裝上尾巴，
趁他背對自己的時候偷偷拉走。
這是個安靜的拉尾巴遊戲。

尾巴可以用封箱膠帶或曬衣夾固定。

把報紙剪得細細的，一段一段
連接起來，做成長長的尾巴。
可以做多長呢？
能在狹窄房間裡的障礙物之間走動，
而不弄破尾巴嗎？

去廁所
要小心！

用透明膠帶黏一堆尾巴，化身蓑衣蟲吧！

12 報紙怪人

準備物品：報紙、遮蔽膠帶、粗筆、圖釘

這段空檔是
大人自己的時間

孩子喜歡打仗遊戲的話，
務必試試看！

一起動手做很有趣，不過，
趁孩子午睡或不在房間的空檔準備好、
嚇孩子一跳也很好玩。

讓孩子用報紙捲成的劍
盡情地戰鬥吧！

隨風
飄呀飄

★報紙劍請見第41頁。

將2張報紙用遮蔽膠帶黏貼起來，用筆畫出手臂以外的部分，再裁剪好。

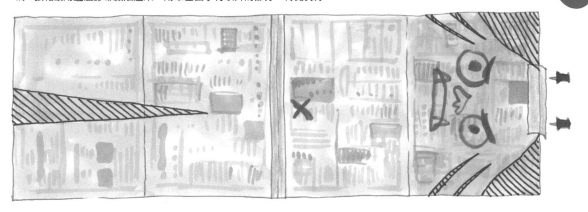

手臂用另一張報紙畫好、剪下，之後用遮蔽膠帶黏貼上去。

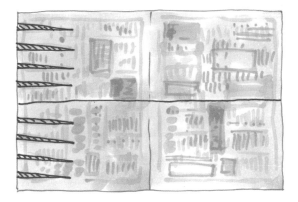

把門或隔間拉門打開，
從上方用圖釘牢牢固定。

注意！

○用遮蔽膠帶補強，上
方折起來，用圖釘釘
兩處固定。

報紙

×釘在側面的話，
圖釘容易掉落，
很危險！

做成章魚
外星人！

或者另外加
上頭髮……

當成節分時撒豆
驅魔的鬼也很棒！

13 自創闖關遊戲

準備物品：大張的紙、筆、骰子

在紙上畫出許多圓圈，然後連起來。
配合孩子的興趣或當下流行的事物，
一邊討論一邊想任務內容，相當有趣。

如果沒有骰子，
就用圖釘在鉛筆上打洞，
再用紅色鉛筆塗滿代替。

起點！

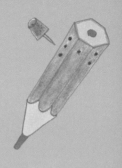

說出3個
喜歡的○○

太棒了！
前進3步

扮鬼臉

讓對方摸摸
自己的頭

遊戲結束前
都用忍者的
語氣說話

…是也、
…來也

去洗手
和漱口
再回來

做體操

裝出
很酸的臉

學動物叫

汪！

說出3種
動物名稱

說出5種蔬菜名稱

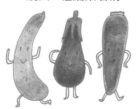

完整說出
昨天晚餐的
菜色

互動遊戲

請對方出謎題
然後回答

說出5種
喜歡的食物

唱歌

說出最近
最開心的
事情

模仿○○

去摸綠色
的東西

說出3種
紅色的東西

去廁所
再回來

去拿喜歡的書來

模仿大猩猩

整理3件
東西

吃零食

太可惜了！
後退5步

去洗手

擺出
很帥的
姿勢

延伸！

只有2個人玩也很好玩，不過最多可以8個人左
右一起玩。過年期間不同年齡的孩子聚集時，或
是出遊在外時都很推薦。讓年齡大的孩子幫忙想
些稍有難度的任務，也非常有趣呢！

裝出可愛的表情

終點！

躲好了嗎?
14 玩偶躲貓貓

準備物品:娃娃或布偶、敲擊會發出聲響的東西

在狹小的房間裡玩躲貓貓,很快就會被找到,
但是把小玩偶藏起來,卻不是那麼容易找。
用聲音當作提示吧!

1 猜拳決定誰當鬼。

2 趁鬼在數數的時候
把玩偶藏起來。

是在這附近嗎?

3 聽到「躲好了」後,
鬼就開始去找玩偶。

如果鬼靠近玩偶,
另一人就製造出聲響。
越靠近越大聲。

最多藏
5個左右的玩偶。

一次藏太多的話，
會忘記在哪裡。

好像接近了。

用棍子敲擊
太鼓玩具或箱子。

也可以唱歌、
學動物叫。

找一找！找出來！
15 貼紙集集樂

準備物品：貼紙、卡片

適度調配孩子容易找的地方，
以及有點難度的地方來藏。

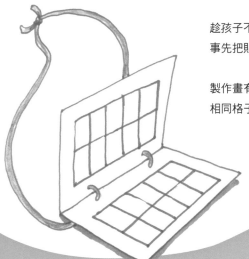

趁孩子不在房間裡的時候，
事先把貼紙確實藏好。

製作畫有與貼紙數量
相同格子數的卡片。

用普通的方式藏也沒關係，
不過以夾子夾住的話，
說不定正好能當成提示。

全部找到的話
會有獎品唷！

找到了！

這裡也有喔！

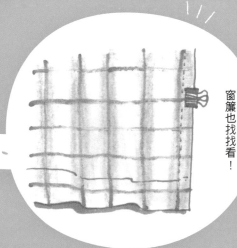

窗簾也找找看！

如果看起來太難找的話，就透過肢體動作或
參考「14 玩偶躲貓貓」的方式給予提示吧！
★請見第32頁。

趁孩子不注意時
貼在他背上。

下面也仔細找看看。

還有
喔！

好像沒有
了耶……

獎品
GET！！

16 摸黑探險趣

準備物品：手電筒、零食、包包

Start!

關閉門窗，
房間的燈也全部關掉，
讓家裡漆黑一片。
出發探險去吧！

帶著手電筒
和包包出發！
要去尋找
隱藏的寶藏。

妳在這裡
等一下！

鑽到桌子底下
找找看吧！

找到了！

看看爸爸
的椅子上。

在餐桌下放一盞檯燈當作基地，稍做休息。

製造驚奇用！

大人也拿手電筒。

哇！

最後沒有提示！

事先將點心裝上小鏡子，就會閃閃發光，比較容易發現。

Goal!

點心時間就以蠟燭的光照明。

變裝遊戲

變得怪模怪樣、
變帥氣、裝大人……。
盡情發揮創意，
化身成不一樣的自己吧！

貓和小孩都是看到紙袋
就會不管三七二十一，
把它套上去的動物。

戴上瞬間變身！

17 紙袋人

準備物品：紙袋、書面紙、木工用接著劑、
衛生紙捲芯等等

既然都要玩，
那就試著把紙袋升級吧！

剪掉不要的部分，
在眼睛的位置開洞。

在衛生紙捲芯上剪出黏貼處，
再用接著劑黏上去。

接著劑

1 在書面紙上
用盤子當模子畫出圓形、
剪下來，在上面剪一刀。

2 捲起來、
用透明膠帶
固定。

3 剪出黏貼處，
再用接著劑
貼在紙袋上。

將色紙對折，
剪出一個中空的圓圈。

將剪成細長條狀的紙，
用鉛筆等物品
捲成卷曲狀。

眼睛的地方
可以從內側
貼上有顏色
的玻璃紙

完成後播放音樂，一起跳些
滑稽的舞蹈。手拿圍巾或手帕等
會更有趣！

18 瓦楞紙箱機器人

有紙箱就想套上！
套上了就來戰鬥！

準備物品：瓦楞紙箱、遮蔽膠帶、木工用接著劑、報紙、書面紙、
鋁箔紙、可用來裝飾的物品

用接著劑把書面紙貼
在瓦楞紙箱上。

先讓孩子試套一次，
找出眼睛的位置後做
記號、再開洞。

切口部分用遮蔽膠帶貼
起來，會比較安全。

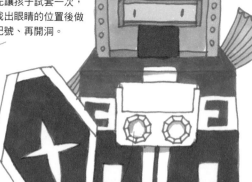

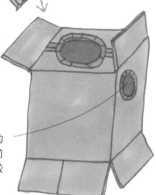

貼上單面瓦楞紙
當成袖子。

手臂要穿過的
洞開在紙箱前
側的話，比較
好活動。

想要在紙箱上開洞時，先用美工刀劃
十字，就很容易裁剪下來。

試著貼上速食店的飲
料杯架，或水果的包
裝材料這類形狀適合
的東西。

手腕或腳踝也包上瓦楞紙
看看。

盾牌

如果紙箱比較薄，就用接
著劑貼成雙層。貼上書面
紙後，周圍用遮蔽膠帶黏
牢補強。

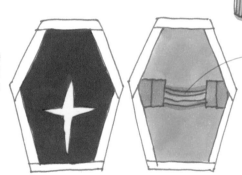

手會接觸到的部分，先用遮蔽膠帶
保護後再黏上去。

報紙劍

從開口側開始捲，最後用透明膠帶固定。

＜柄頭的作法＞

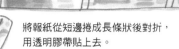

A

將報紙從短邊捲成長條狀後對折，用透明膠帶貼上去。

B

在剪成圓形的瓦楞紙上用美工刀劃十字後穿過。

C

握把也用遮蔽膠帶包覆補強。

用接著劑和膠帶貼上閃亮的包裝紙，就成了光劍。

瓦楞紙、厚紙的劍

1 用尺壓住、以剪刀刀刃劃出折線後對折。黏上接著劑，再用膠帶固定。

2 用閃亮的包裝紙或鋁箔紙包起來更漂亮。以透明膠帶黏貼補強即可。

3 做2片護手，塗上接著劑後黏在劍身兩側。護手也包上鋁箔紙或有顏色的膠帶，會更加帥氣。

接著劑　　剪掉。

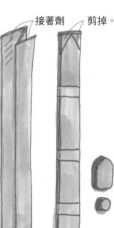

握把處包上遮蔽膠帶

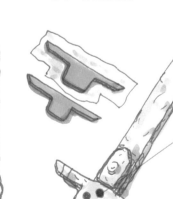

用接著劑黏上珠珠作為裝飾。

接著劑未乾前，可以用曬衣夾夾住。

41

19 醫生

感冒痊癒後，這次換自己當醫生吧！
大人扮演病患，讓孩子看診。

準備物品：手帕、橡皮筋、白色襯衫、繩子、緞帶、紙膠帶、白
紙、紙杯、空紙箱、遮蔽膠帶、L型文件夾、任何可放
進手提包裡的物品

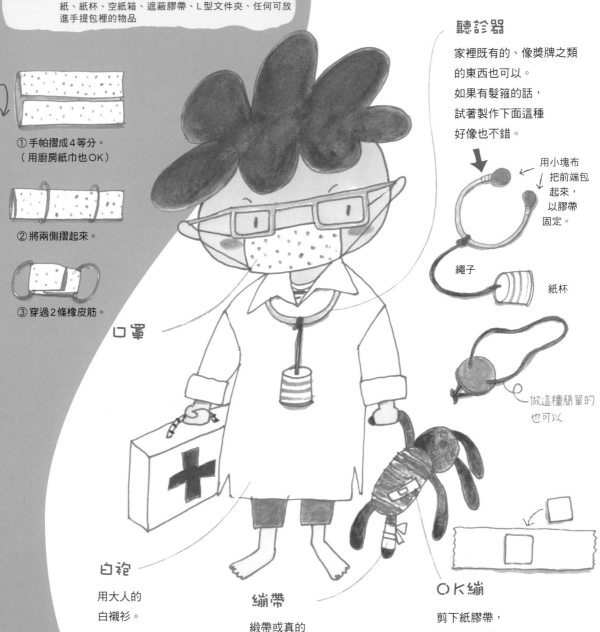

①手帕摺成4等分。
（用廚房紙巾也OK）

②將兩側摺起來。

③穿過2條橡皮筋。

口罩

聽診器

家裡既有的、像獎牌之類
的東西也可以。
如果有髮箍的話，
試著製作下面這種
好像也不錯。

用小塊布
把前端包
起來，
以膠帶
固定。

繩子

紙杯

做這種簡單的
也可以

白袍

用大人的
白襯衫。

緞帶

緞帶或真的
繃帶都可以。

OK繃

剪下紙膠帶，
再貼上白紙。

醫生包

① 紙箱蓋子的其中一邊
剪2刀、拆開。

② 蓋上蓋子,
用遮蔽膠帶黏合。

③ 用美工刀劃上小小的
十字,再穿過繩子。

④ 貼上透明文件夾,
上面貼上OK繃。

⑤ 把箱子闔起來,
用遮蔽膠帶當開關。

事先將遮蔽膠帶末端
向黏著面內摺,就比
較容易開闔。

保冷劑

用常溫的
比較方便。

藥袋

以信封剪成的
藥袋。裡面
裝零食。

很像
真的藥

藥瓶

在小瓶子裡
裝珠珠。

藥膏

護手霜。
不可以塗在玩偶上。

針筒

百圓商店販售的注射器
造型針筒。

咻隆！變身！
20 忍者

準備物品：長袖T恤、襪套、色紙、頭套、可彎吸管、棉花棒等等

我也可以成為
卡通裡的忍者唷！

護腳套
用襪套或剪掉前端的襪子。也可以拿單面瓦楞紙以膠帶固定。

1
將長袖T恤套到一半。

2
將兩邊袖子往相反方向拉。

稍微往上拉。

3
在後面打個結……就變成忍者了！

用頭套或髮帶打扮成忍者造型。

簡單用貼紙貼上忍者的標誌！

色紙手裏劍的摺法

1
將色紙剪成兩半。

2
各自直向對折。

3
如圖，虛線處向內摺。

4
虛線處再向內摺。

5
其中一個翻面。

6
將兩個疊在一起，把尖角插入。

7
再翻面，把尖角插入。

完成了！

用長的緞帶或繩子等，做出交叉狀。

口袋內藏著手裏劍。

背後插著忍者刀。
★請見第41頁「18瓦楞紙箱機器人」劍的作法。

踏上修行之旅

迷蹤步

拿2個靠枕交互往前丟，踏在上面前進。

忍者的說話語氣

在下忍者是也。

遵命！

來者何人？

放馬過來。

我來也！

感激不盡。

吹箭之術

剪開。

將一根可彎吸管剪短，再用剪刀剪一刀，插入另一根可彎吸管。

放入棉花棒，對著目標吹出。

延伸！

不出聲、沿著牆壁用忍者步法在家中走一圈，或是第18頁的「07剪刀剪出一圈圈」的間諜遊戲也很推薦。可以不使用紙，改用紙膠帶貼在打開的門上，試試看能不能走過去不碰觸到。

背誦看看！忍者的九字護身法

面對重要的事情時，透過這九個字的結手印來集中精神、增強功力。

臨	
兵	
鬥	
者	
皆	
陣	
烈	
在	
前	

分身！
21 實物大的我

準備物品：圖畫紙或大張的紙、書面紙、包裝紙、木
工用接著劑、蠟筆等等

躺在大張的紙上。

請別人用蠟筆畫出輪廓，
再用剪刀剪下來，
就成了我的分身囉！

試著畫上臉和頭髮。
要穿什麼衣服呢？

讓它穿上喜歡的
服裝吧！

想出奇怪的
姿勢。

要不要試著
玩印章來做衣服？

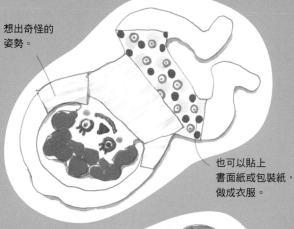

配合身高或姿勢，
用透明膠帶
從背面貼上
留白的紙。

也可以貼上
書面紙或包裝紙，
做成衣服。

手拿喜歡的
東西。

也可以變身成
喜歡的英雄人物。

要用畫具
上色的話，
最好在裁剪
之前塗好。

用接著劑黏上毛線，
當作頭髮。

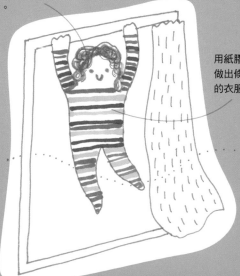

用紙膠帶
做出條紋圖案
的衣服。

華麗變身後，
寄給爺爺或奶奶吧！

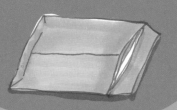

22 變身卡通人物

準備物品：白紙、書面紙、筆、遮蔽膠帶、透明膠帶等等

用紙、筆和膠帶，
能讓房間裡的幾樣物品變身呢？

完成後，以手機拍照
寄給其他家人看吧！

首先，
從眼前的物品開始……

在白紙上剪出眼睛的形狀，
再用黑筆畫出眼珠。耳朵、
鼻子、嘴巴也做做看。

貼膠帶的時候運用一些
小技巧，之後更容易撕除。

將黏貼面的邊緣向內摺
一小段，會比較好撕除。

將膠帶繞一圈
再貼至背面，
比較不顯眼。

把手當成
鼻子。

雙胞胎
狗狗

把垃圾
吃掉囉！

葉子兄弟

要不要就這樣
帶它出門呢？

大型家具
也挑戰
看看！

報紙

在椅子上
蓋一塊布。

馬桶也能變身！　　　蓋起來也有表情。

在紙圈上裝上耳朵，
我們也來變身吧！

釘上釘書機固定。

喀擦！

也寄給
爺爺看！

4 洗澡遊戲

今天洗澡要帶什麼去玩呢？
只要帶入這些身邊的素材，
泡澡總是令人興奮期待，
又能洗淨全身的汗。

令人期待的泡澡時光

23 冰塊、超級球

準備物品：冰塊、紙杯、牛奶盒、超級球

討厭洗澡、討厭玩到一半被打斷，

想邀這樣的孩子來泡澡。

為了消除大熱天所流的汗，

白天就想讓孩子泡泡澡、玩玩水。

這裡介紹的便是能派上用場的方法。

> 超簡單

冰的實驗

A 首先拿1個冰塊去泡澡吧！
放進紙杯裡讓它在浴缸裡
溶化，或是拿來喝也無妨。

也拿大一點的冰塊來做實驗。
牛奶盒仔細清洗乾淨後裝水，
放進冷凍庫做成大塊冰塊。
冰塊裡放入小玩具或葉子也很不錯喔！

B

> 洗澡水變得不熱
> 也不要在意。

在臉盆裡放一個超級球，
開始轉圈圈。
速度漸漸加快了，
好緊張……
小心不要讓它飛出來！

A

轉圈吧！超級球

如果有很多超級球，
可以讓它們浮在浴缸裡，
攪一攪使它們轉圈，水流會變得很有趣。

也可以由大人製造出轉動的漩渦，
讓孩子像在夜市遊戲一樣，
用紙杯或湯匙來撈超級球。

B

注意！

1 孩子在浴缸玩水時，大人務必在旁陪同。
2 如果孩子站在浴缸邊緣等，做出危險動作時，就要立即停止遊戲。
3 地板上如有肥皂或泡泡，很容易造成滑倒，需不時沖沖水。

24 塑膠袋、泡泡

塑膠袋實驗

準備物品：小的透明塑膠袋、冰塊、超級球、牙
籤、橡皮筋

使用透明度高
的小塑膠袋。

裝水，感受溫度
變化的樂趣。

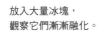

放入大量冰塊，
觀察它們漸漸融化。

裝入超級球，
灌入空氣後綁起來。

裝入大量的水，
再用牙籤戳破。

噴水了

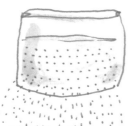

如果有流理台三角
濾水籃用的塑膠袋，
最適合拿來灑水！

灌入少量空氣，
放進浴缸水裡、
壓在屁股下
試試看。

會咻地蹦
出來喔！

攪攪 攪攪 起泡了！

用洗髮精在臉盆裡攪打出泡泡，
把泡泡放在頭上，
或是裝進布丁杯裡……

吹泡泡

在浴室裡
怎麼吹都沒關係！

咕嚕咕嚕泡泡機

1 將寶特瓶切掉一半，
切口處用膠帶
包起來。

2 將手帕沾濕後
稍微擰乾，
用橡皮筋固定上去。

3 塗上沐浴乳。

試著「呼～」
地吹吹看！

53

25 L 型文件夾

彩色文件夾

準備物品:彩色文件夾、打孔機、繩子、勺子或湯匙

**將彩色文件夾剪開,
再試著剪成各種形狀。**

要不要剪出魚的造型,
將浴室的牆壁變成水族館呢?

**可以浮在水面上,
或貼在浴室的牆壁上玩。**

邊角稍微
修圓。

用打孔機打洞。

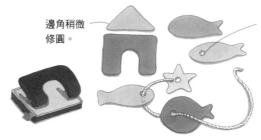

在浴缸裡
穿上繩子。

事先在邊角的
地方摺一下,比
較容易從牆壁
上撕除。

剪多一點
浮在浴缸裡,
玩撈金魚遊戲
看看吧!

在一旁製造波浪,
增加難度。

配合孩子的程度,
選用勺子或湯匙。

透明文件夾

準備物品：透明文件夾、油性筆、透明絕緣膠帶

使用透明文件夾
來發揮創意吧！

用油性筆在透明
文件夾上畫圖，
然後剪下來。

如果希望保存較久，
就用透明絕緣膠帶保護後
再剪下。

可以把頭
和身體組合
在一起玩。

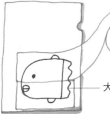

大張的圖就連接著貼。

有透明絕緣膠帶的話，
可以從傳單或雜誌剪一些喜歡的
交通工具或卡通人物來做。

剪下來放在文件夾上，
再貼上透明絕緣膠帶，
沿著輪廓略大一輪剪下。

文件夾

試做數字或文字卡雖然
也不錯，不過要挑孩子
想玩的時機喔！

26 牛奶盒

由於牛奶盒防水，所以很適合
在洗澡的時候玩！

水中望遠鏡

準備物品：牛奶盒、保鮮膜、橡皮筋

剪掉牛奶盒的上下兩邊，
其中一邊用橡皮筋
緊緊包上保鮮膜。

用它來看看
撒在浴缸底部、
沉在水裡的玩具。

壓克力寶石

筷子夾夾樂

準備物品：牛奶盒、油性筆、筷子、容器

將牛奶盒剪開，徹底洗乾淨，
再用油性筆畫上喜歡的圖案後剪下。
亦可使用保麗龍製的食品托盤。

要不要來點熱呼呼的
關東煮或豆子呢？

浮在浴缸裡，
再用筷子夾取、
盛入容器裡。

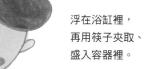

一邊計時
也不錯呢！

各種泡澡趣
27 創意多多

澡堂餐桌

在浴缸邊緣上
架一塊板子,
當成餐桌。

也可以
用浴缸的
蓋板!

泡在溫暖的水裡
吃冷凍橘子,
真是一大享受!

洗鞋中心

給孩子他自己的運動鞋或室內鞋,
還有肥皂和不要的牙刷,
他就會忘我地
刷起來。

好幫手～

水槍

試著用空的容器做成水槍。
以寶特瓶蓋或文件夾
(第54頁)等物品
做成標靶。

水球

百圓商店售有
附注水器的產品。

水果湯

放入檸檬片、柑橘片或
蘋果皮,就成了香氣宜人
的泡澡水。

玩好後要用篩子
或網子撈起來喔!

入浴劑大集合

準備物品:入浴劑、沉入水裡的玩具

儲備各種不同的入浴劑。使用
混濁類型的入浴劑,讓玩具沉
入水底,再用手腳摸索尋寶。
或是用泡泡浴類型的入浴劑,
讓玩具咕嚕咕嚕地沉入泡沫
中……。

入浴劑有各種
不同類型。

▉建議

洗澡時玩的東西很容易發霉,基本上使
用完就要丟棄。日後還要玩的,則放在
墊子或浴巾上瀝乾水分,再放入洗衣網
袋置於室外晾乾。

餐桌遊戲

運用巧思創意，
即使是手邊現有的餐點或麵包，
也能呈現出有別於往常的高質感。

28 模擬野餐

找一個跟平常不一樣的場所和孩子一起用餐。
在地上鋪一塊布就成了野餐風。
在壁櫥裡、桌子下模擬探險風。
在樓梯或陽台模擬登山風。

鋪一塊布。

洋芋片

蘋果

水壺

放進籃子或盒子裡。　用鋁箔紙包裹三明治。

水果刀

飯店風

將2張書面紙疊放在一起，布置好餐桌。

用稍具高級感的杯子裝開水。

小杯子裡裝100％純果汁。

用盤子裝米飯，並撒上一點乾燥羅勒或芝麻。

晚上就以燭光照明。

水果淋上蜂蜜。

即溶杯湯裡淋上奶精。

將白蘿蔔和紅蘿蔔的沙拉棒微波加熱，做成溫蔬菜。

冷凍漢堡排＋融化起司片

用番茄醬在盤子上點出小圓圈做裝飾。

咖啡廳風

托盤或平常不使用的餐墊。

麥茶＋牛奶＋糖漿

優格＋果醬

附贈的小餅乾

擺上花做裝飾。

早餐剩的生菜沙拉＋起司粉或碾碎的核果類

番茄炒蛋

起司吐司＋魩仔魚乾＋海苔粉

立食烏龍麵風

一邊煮烏龍麵一邊吃。
直接從鍋子裡撈起來放進碗裡，
加一點蔥、芝麻、醬油，
充分攪拌後熱呼呼地當場吃。
事先在碗裡打一顆生蛋的話，
就成了生雞蛋烏龍麵。

加入炸麵球、
現成的炸天婦羅、
海苔絲，大人的話
可以加一點
七味辣椒粉，
超美味的！

30 簡易手捲壽司

真正的手捲壽司，等全家人在的時候一起做。

只有**2個人**時，就來個沒有生食配料的簡易手捲壽司吧！

用冰箱裡的剩餘食材，在餐桌上一邊做一邊吃。

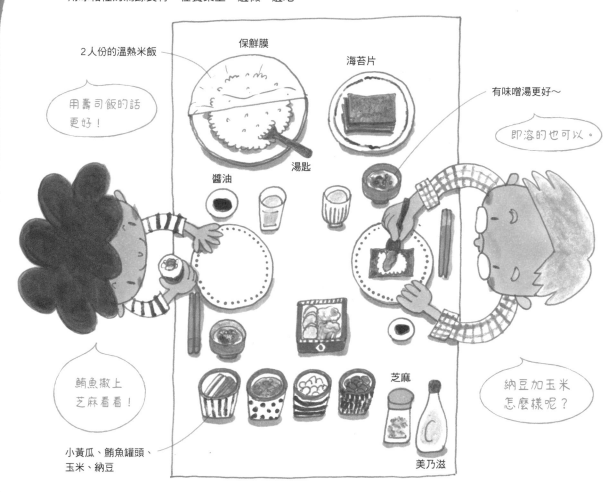

試試嶄新組合的佐料吧！

● **冰箱裡現有的東西**…魩仔魚、鮭魚、鱈魚子、醬油昆布、醬菜、起司、柴魚片、海苔粉、紅紫蘇粉、青紫蘇

● **剩菜**…烤肉、烤魚、壽喜燒、煎蛋、涼拌菠菜、滷煮料理、生菜沙拉、炒蛋、香腸

● **便當用冷凍食品**…迷你豬排、海苔粉炸竹輪、燒賣、炸雞塊、炸蝦、毛豆

31 飯糰、飯包

只要有飯糰和湯（盡量放多一點湯料），就是豐盛的一餐！
配料就放孩子想吃的。

飯糰

基本型飯糰	烤飯糰	圓球形	圓柱形	棒狀	飯包

基本型飯糰

還是手捏的飯糰最棒了！除了海苔片以外，也可以用細絲昆布或野澤菜（日本芥菜）的葉子來包捲。

烤飯糰

味噌和味醂以2：1的比例混合後加入芝麻，再塗在飯糰上。放在塗有薄薄一層麻油的鋁箔紙上，用烤箱或烤魚機烘烤。加入青紫蘇也很美味。

圓球形

可以加入甜味煎蛋，或是切成小塊的乳酪的組合也很推薦。添加醬油的柴魚片＋切小塊的乳酪的組合也很推薦。也可以只加鹽捏圓後，外面再裹上大量芝麻或海苔粉。

圓柱形

只需用保鮮膜捏圓即可，和孩子一起動手做吧！可以加入火腿、烤過的午餐肉、酪梨等食材。也可以切成圓柱形，疊上美乃滋，再以切成細長條的海苔包起來。小黃瓜改成苜蓿芽或豆苗亦可。

棒狀

用保鮮膜捏成細細長長的，再捲一捲包起來。和圓球形飯糰一樣，碎鮭魚片＋芝麻＋青紫蘇、鮪仔魚＋起司＋青紫蘇等組合皆可。豆、鮪仔魚＋起司＋青紫蘇、魩仔魚＋毛因魩仔魚容易腐壞，在家做好馬上就要食用前再添加。

飯包

推薦的組合是火腿＋荷包蛋＋萵苣＋起司＋美乃滋。另外像是即食雞胸肉＋小黃瓜＋剁碎的去籽酸梅干＋美乃滋也很好吃。食材的組合變化非常多。

飯包的作法

1 在展開的保鮮膜上鋪大張的海苔，再放上白飯。

2 均勻撒上鹽巴後，放上配料。

3 再次鋪上白飯，把海苔摺疊起來。

4 用保鮮膜一邊調整形狀，一邊包起來。

5 用沾濕的菜刀切開。

32 各種麵包

可以當成早餐、午餐或晚餐。

美乃滋雞蛋吐司

在吐司的四邊擠上美乃滋圍成一圈，內側打一顆蛋，放進烤箱烤。最後撒上鹽、胡椒。

➕ 追加　火腿、融化起司片、起司粉

披薩吐司

塗上番茄醬，再鋪上火腿、洋蔥薄片、起司片，放入烤箱烘烤。

➕ 追加　切成圈狀的青椒片、玉米、水煮蛋

巧克力香蕉吐司

在烤過的吐司上塗抹巧克力醬，再鋪上切成薄片的香蕉。

➕ 追加　磨碎的花生。亦可用花生醬取代巧克力醬

起司吐司

疊上多片起司片，放入烤箱烘烤，再淋上蜂蜜。

➕ 追加　另外再鋪上披薩用乳酪絲

豐盛三明治

將2片吐司塗上乳瑪琳和黃芥末醬，夾入煎過的培根或火腿、荷包蛋、生菜、番茄、美乃滋，撒上鹽、胡椒。切成兩半後用鋁箔紙包裝。

剩菜披薩風吐司

馬鈴薯沙拉＋融化起司片、照燒雞肉＋融化起司片、咖哩＋融化起司片、肉醬＋融化起司片。預留一點菜餚，隔天樂趣多多。

法式吐司

將2片厚片吐司各自切成4等分，浸泡在蛋1顆＋牛奶200cc＋砂糖約1大匙（依個人喜好）裡。平底鍋塗上奶油，將吐司兩面都煎烤到上色。

➕ 追加　淋上蜂蜜或楓糖，翻面之前撒上粗砂糖約1大匙

熱壓三明治

2片吐司塗上乳瑪琳，夾入火腿及起司片。
用平底鍋煎的時候，上方一邊用鍋子的底部重壓，把兩面都煎烤至上色。

中間可以隔一層鋁箔紙。

33 沙拉、湯

搭配飯糰或麵包的湯品。
用即溶杯湯也無妨，輕鬆簡單地挑戰一下吧！
使用與平常不同的裝湯容器，例如咖啡杯或蕎麥麵杯也很不錯！

湯

1 湯底

湯粉或高湯粉，或者兩個都加。

2 從下面選一些食材切小塊

馬鈴薯
地瓜 洋蔥
紅蘿蔔
長蔥 蕪菁
白蘿蔔
大白菜
菠菜
芹菜 番茄
高麗菜
青花菜
白花椰
菇類
豆類 等等

3 下面其中一樣

蛋 火腿
培根
香腸
雞肉 豬肉
（＋薑）
肉丸子
白身魚
冷凍海鮮
等等

4 用鹽、胡椒調味

調味的變化

・薑
・大蒜
・番茄汁
（＋番茄醬）
・牛奶
（＋鮮奶油）
・玉米醬罐頭
（＋牛奶）
・味噌

沙拉

沙拉棒

小黃瓜
番茄或小番茄
芹菜
萵苣

紅蘿蔔
白蘿蔔
高麗菜

生吃亦可。也可以蓋上保鮮膜微波，做成溫蔬菜。

馬鈴薯
地瓜
青花菜

微波或水煮。

味噌美乃滋沾醬

味噌 1大匙
美乃滋 1.5大匙
蜂蜜 略少於1大匙

明太子美乃滋沾醬

美乃滋 2大匙
去皮的明太子 1大匙

塔塔醬

水煮蛋 1顆　　放入塑膠
洋蔥末 2大匙　袋，用刀
美乃滋 3大匙　背敲碎。
白醋 2小匙
鹽、胡椒 少許
＋ 細蔥或荷蘭芹、檸檬或柚子、
切末的辣漬韭菜或酸黃瓜

近藤理惠 ✿ Kondo Rie

插畫家，出生於東京。於武藏野美術大學、研究所學習日本畫。兒子小時候很頑皮，而且常常發燒，為了在家也能好好工作，每天都要絞盡腦汁想出各種點子。
這本書就是源自當時跟兒子相處的時光，以及目前擔任美術創作班老師、接觸孩童們的經驗，再加上多方結識的媽媽友、保育員所分享的創意。
Email：riekon773@gmail.com

著有《こどもとごはん 12か月》（Alice館）。
插畫作品眾多，包括《おはなしおばさん系列 全6冊》（藤田浩子編著，一聲社）、《園で人気の手作りおもちゃ つくってあそぼ！》（ちいさいなかま社）、《いっしょにあそぼ 草あそび花あそび》秋冬篇、春夏篇（佐藤邦昭著，かもがわ出版）等。

● 內頁設計 Kodashima Ako　　Email : vcako@me.com

KOMATTATOKI NO OHEYA ASOBI
© Kondo Rie , Kodashima Ako 2020
Originally published in Japan in 2020 by Kamogawa Co., Ltd., KYOTO.
Traditional Chinese translation rights arranged with Kamogawa Co., Ltd. KYOTO,
through TOHAN CORPORATION, TOKYO.

不出門也能開心玩的33個居家親子遊戲

2021年8月1日初版第一刷發行

作　　者　近藤理惠
譯　　者　王盈潔
編　　輯　陳映潔
美術設計　黃瀞瑢
發 行 人　南部裕
發 行 所　台灣東販股份有限公司
　　　　　＜地址＞台北市南京東路4段130號2F-1
　　　　　＜電話＞（02）2577-8878
　　　　　＜傳真＞（02）2577-8896
　　　　　＜網址＞www.tohan.com.tw
郵撥帳號　1405049-4
法律顧問　蕭雄淋律師
總 經 銷　聯合發行股份有限公司
　　　　　＜電話＞（02）2917-8022

TOHAN

國家圖書館出版品預行編目（CIP）資料

不出門也能開心玩的33個居家親子遊戲/近藤
理惠文.插畫;王盈潔譯.-- 初版.-- 臺北市:
臺灣東販,2021.08
64面; 18.2×21公分
ISBN 978-626-304-754-9（平裝）

1.育兒2.親子遊戲

428.82　　　　　　　　　　110010765